Las matemáticas básicas

Compartir y dividir

Richard Leffingwell

Heinemann Library
Chicago, Illinois

Customer Service   888–454–2279
Visit our website at www.heinemannlibrary.com

Printed and bound in China by South China Printing Company Limited
Translated into Spanish and produced by DoubleO Publishing Services
Photo research by Erica Newbery

10 09 08 07 06
10 9 8 7 6 5 4 3 2 1

Library of Congress Cataloging-in-Publication Data
Leffingwell, Richard.
  [Sharing and dividing. Spanish]
  Compartir y dividir / Richard Leffingwell.
     p. cm. -- (Las matemáticas básicas)
  Includes index.
  ISBN 1-4034-9189-5 (hb - library binding) -- ISBN 1-4034-9194-1 (pb)
  1. Division--Juvenile literature. 2. Arithmetic--Juvenile literature. I. Title.
  QA115.L44918 2006
  513.2'14--dc22
                          2006028728

Acknowledgments
The author and publisher are grateful to the following for permission to reproduce
copyright material: Getty Images (Photodisc Red/Davies & Starr) pp. **4**, **5**, **6**, **7**,
8; Harcourt Education Ltd (www.mmstudios.co.uk) pp. **9–20**, **22**, back cover;
Photolibrary (Brand X/Burke Triolo) p. **21**

Cover photograph reproduced with permission of Harcourt Education Ltd
(www.mmstudios.co.uk)

Every effort has been made to contact copyright holders of any material reproduced
in this book. Any omissions will be rectified in subsequent printings if notice is given
to the publisher.

Contenido

¿Qué es compartir?

Un amigo y tú encuentran 6 conchas marinas en la playa.

Quieren compartirlas.

¿Cuántas conchas marinas tendrán
cada uno?

Repartan las conchas marinas una
a una.

Háganlo hasta que no quede ninguna.

Cada persona tendrá 3 conchas marinas.

Tendrán lo que les corresponde.

$$6 \div 2 = 3$$

Compartir por igual también
se llama dividir.

Ahora las conchas marinas están
divididas por igual.

Compartir flores

¿Qué ocurriría si tuvieras 9 flores y 3 jarrones?

¿Cómo podrías dividirlas por igual?

Primero pon 1 flor en cada jarrón.

Aún te quedan 6 flores.

Después pon otra flor en cada jarrón.

Aún te quedan 3 flores.

Pon otra flor en cada jarrón.

Ahora todos los jarrones tienen
el mismo número de flores.

$$9 \div 3 = 3$$

Dividiste 9 flores en 3 jarrones.

Cada jarrón tiene 3 flores.

Compartir autos

Un amigo y tú tienen 6 autos
de juguete.

¿Cuántos tendrán si los comparten
por igual?

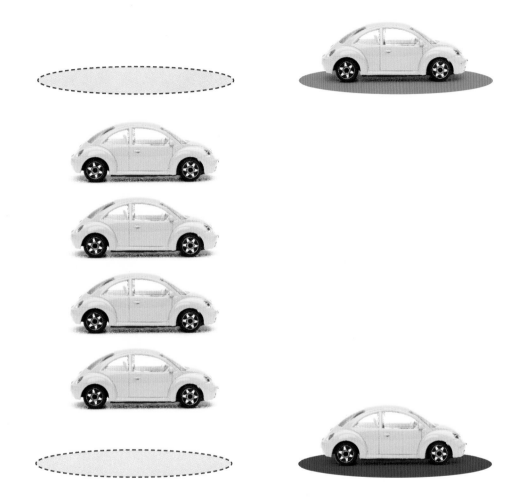

Empiecen tomando 1 auto cada uno.

Aún quedan 4 autos.

Cada uno toma otro auto hasta que estén divididos por igual.

Cada uno tendrá 3 autos de juguete.

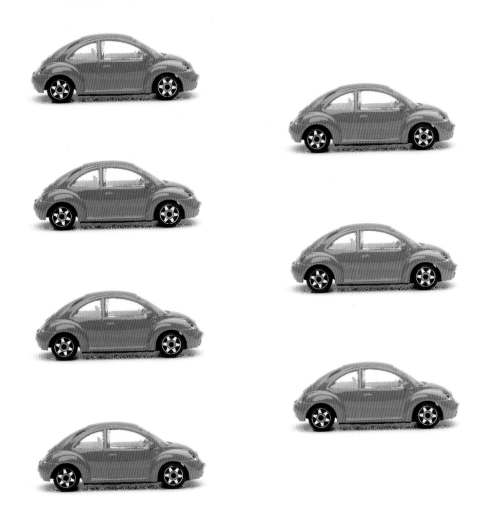

¿Qué harías si tuvieras 7 autos de juguete para compartir con tu amigo?

Cada uno tendría 3 autos de juguete.

Sobraría 1 auto.

¿Qué deberían hacer con el auto
que sobra?

Podrían dárselo a otro amigo.

O podrían guardarlo hasta que tuvieran otro más para compartirlos por igual.

Practicar cómo dividir

Acabas de dividir para compartir un grupo de cosas.

¿Cuándo has dividido cosas?

Prueba

Tienes 8 lápices.

¿Cuántos habrá en cada uno
de los 2 botes?

¡Asegúrate de dividir por igual!

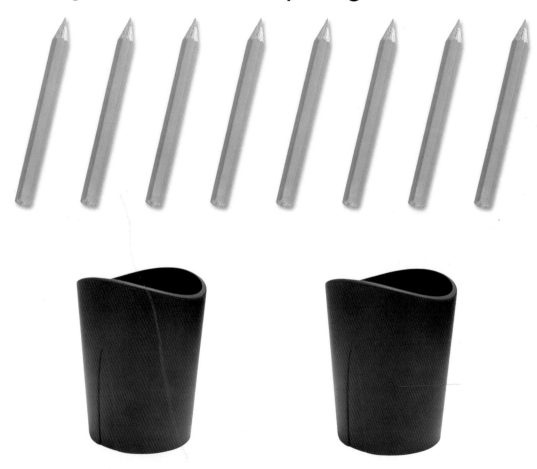

El signo "dividido entre"

÷ | Usas este signo para mostrar que estás dividiendo un número entre otro.

$$4 \div 2$$

Cuando divides 4 entre 2, tienes 2.

= | Usas el signo igual para mostrar cuánto es 4 dividido entre 2.

$$4 \div 2 = 2$$

Índice

Respuesta a la prueba de la página 22
En cada bote habrá 4 lápices.

Nota a padres y maestros

Leer textos de no ficción para informarse es parte importante del desarrollo de la lectura en el niño. Animen a los lectores a hacer preguntas sencillas y a usar el texto para hallar las respuestas. La mayoría de los capítulos en este libro comienzan con una pregunta. Lean juntos la pregunta. Fíjense en las imágenes. Hablen sobre cuál piensan que puede ser la respuesta. Después lean el texto para averiguar si sus predicciones fueron correctas. Para desarrollar las destrezas de investigación de los lectores, anímelos a pensar en otras preguntas que podrían hacer sobre el tema. Comenten dónde podrían hallar la respuesta. Ayuden a los niños a utilizar la tabla de contenido, el glosario ilustrado y el índice para practicar las destrezas de investigación y el vocabulario nuevo.